U0301363

# 改变世界的发明与创造

# 驾驭自然

张顺燕 / 主编

吉林科学技术出版社

**图书在版编目（CIP）数据**

驾驭自然 / 张顺燕主编. -- 长春 : 吉林科学技术
出版社, 2023.10
（改变世界的发明与创造）
ISBN 978-7-5744-0899-9

Ⅰ.①驾… Ⅱ.①张… Ⅲ.①科技发展—世界—青少
年读物 Ⅳ.①N11-49

中国国家版本馆CIP数据核字(2023)第191007号

# 驾驭自然
## JIAYU ZIRAN

| | |
|---|---|
| 主　　编 | 张顺燕 |
| 策 划 人 | 张晶昱 |
| 出 版 人 | 宛　霞 |
| 责任编辑 | 周　禹　宿迪超 |
| 封面设计 | 长春美印图文设计有限公司 |
| 制　　版 | 长春美印图文设计有限公司 |
| 幅面尺寸 | 170 mm × 240 mm |
| 开　　本 | 16 |
| 印　　张 | 7 |
| 字　　数 | 105千字 |
| 印　　数 | 1—6 000册 |
| 版　　次 | 2023年10月第1版 |
| 印　　次 | 2023年10月第1次印刷 |
| 出　　版 | 吉林科学技术出版社 |
| 发　　行 | 吉林科学技术出版社 |
| 地　　址 | 长春净月高新区福祉大路5788号出版集团A座 |
| 邮　　编 | 130118 |

发行部电话/ 传真　0431-81629529 81629530 81629531
　　　　　　　　　　 81629532 81629533 81629534

储运部电话　0431-86059116
编辑部电话　0431-81629520
印　　刷 吉林省创美堂印刷有限公司

书　　号　ISBN 978-7-5744-0899-9
定　　价　45.00元

　　亲爱的小读者，欢迎来到发明与创造的世界！希望这本书可以带领你们探索无限的可能，启发你们的创造力，并激励你们成为发明家和创新者。

　　这个时代是令人惊叹的科技时代，无数的科学家、工程师和发明家不断地突破边界，创造出了一个个改变世界的伟大发明。我们的手机、电脑、汽车以及航空器等，都是这些创新思维的产物。而你们作为未来的一代，将会继续推动科技的发展，为人类带来更多惊喜和便利。

　　我相信，在你们的思维力火花燃起时，世界将会因你们的发明而变得更加美好。我希望你们享受这次科学探索的旅程，尽情发挥你们的想象力，勇于挑战困难，勇敢地面对失败，因为正是通过这些过程，你们才能真正成长，并创造出改变世界的发明。

　　愿这本科普图书能够陪伴你们成长，在科学与创造的道路上指引你们前行。祝愿你们在这个令人兴奋的旅程中收获无尽的快乐和启示！

# 目录

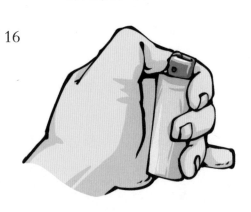

## 三、从圆木到车轮

## 四、从磁石到罗盘

## 五、从小孔成像到照相机

## 六、毛细现象与书写

# 一、掌控火焰

## 💬 钻木取火

在自然环境中，当闪电击中干枯的树木，常会引发野火。我们远古的祖先发现威力巨大的野火会吞噬森林和草原，但小火堆则能带来温暖、光明和美味的熟食，于是他们试着将火种保存。但是，只要稍有疏忽，火种就会熄灭，得等到下一次野火发生才能再次留下火种。

原始人如果要享受火带来的温暖与便利，就必须想办法自己生火。

钻木取火很可能是我们人类所掌握的最古老的取火方法之一。

在一块木头上，用一根木棍钻啊钻，就能生起火来？乍一看，这很不可思议，但却是一个切实可行的办法。甚至直到今天，在世界上某些偏远的角落，依然有部落居民使用这种古老的技术生火。

钻木取火所用的所有材料都必须十分干燥，并使用干苔藓之类的易燃物、絮状物充当火绒。钻木引出的火星点燃火绒，就可以扩大为明火。

## 为什么钻木能取火

钻木取火的原理一点儿也不神秘，和我们搓手掌取暖一样，是依靠摩擦产生了热。粗糙的木料相互摩擦，产生大量的热，加之木材和火绒本身就是易燃物，所以相互摩擦就会生出火来。

物体之间摩擦都会出现发热现象。

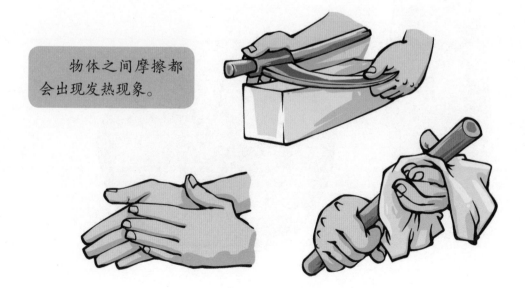

人工取火是人类进化史上一件非常重要的大事，它意味着远古人类的生活质量大大提高，很大程度上体现着人类文明的进步。

依靠木材摩擦瞬间产生的火花点火，必须事先准备好易燃的材料。古人用来引火的东西五花八门：晒干的苔藓、菌块、植物的种子、干燥的木屑等。

## 💬 敲凿取火

除了钻木取火，古人发现石头和石头相撞会敲出火花。于是，他们开始用敲凿的方式取火，而且一用就是上千年。当然，用来敲凿的这些金属或石头，都得非常坚硬才行，最常用的是燧石和黄铁矿石。

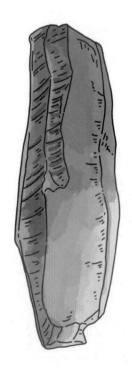

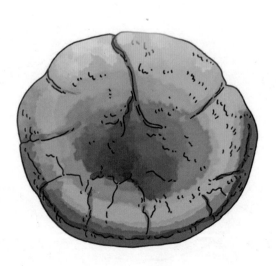

新石器时代用以敲凿取火的燧石与黄铁矿。

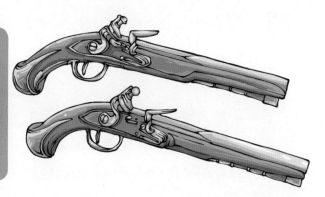

流行于 17—19 世纪的燧发枪，也是用金属敲击燧石产生火花的方式引燃火药来发射子弹的。图为 18 世纪欧洲军队普遍装备的燧发手枪。

中国人用燧石和铁击打取火的历史大约始于春秋时期。从宋代起，有了"火镰"这种专用的取火铁器，直到民国时期，火镰的使用依然很普遍。

不同时期、不同地区的火镰造型各有特色。图为一把清代汉族火镰，铁片上连接着一个牛皮小包，里面放着燧石和火绒（干燥并搓成絮状的艾蒿嫩叶）。小包上面还装饰着吉祥的图案。

## 💬 敲凿取火的原理

坚硬物体之间激烈碰撞时，因为接触面积很小，大量的动能在这一接触点迅速转化为热能，于是撞击产生的细小碎屑带着巨大的热能飞溅出来，这些热能以发光的形式为我们所见，这就是敲凿取火时产生的火星。

## 火柴

在我国，让火镰退出历史舞台的取火工具是火柴。

火柴是一种轻便的生火工具，用附着了易燃物的火柴头在涂着红磷、二氧化锑、黏合剂等物质的火柴盒侧面轻轻一擦，就能产生火焰。

不过，与火柴类似的工具"发烛"，其实可以追溯到公元577年左右的我国南北朝时期。当时，有人将硫黄粘在小木棒上，配合以火刀火石激发的火星，引发明火。虽然，这种"火柴"只不过是一种引火工具，但是它的使用时间却延续了很久。

欧洲最早的火柴起源于古罗马，制作和使用的方式和"发烛"几乎一样。

17世纪后期，白磷这种易燃的物质被意外发现。之后，欧洲人开始尝试用它来制作速燃的取火工具。白磷也叫黄磷，燃烧后有毒，用来做火柴，对人的健康十分有害。

1826年，英国的一位医师沃克将树胶、硫化锑和氯化钾涂在小木棍上，做出了历史上第一根火柴。只要将这种火柴头夹在砂纸上拉动，就能引燃。但是这种火柴头老是碎掉，还容易引发火灾，燃烧的味道也难闻。

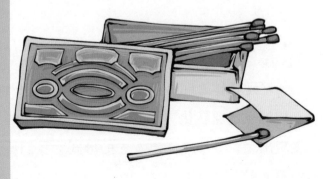

19世纪后期，伦德斯特伦所在的公司生产的安全火柴。

之后十几年，来自法国、英国的发明家们又发明出了好几种火柴，但它们要么不够易燃，要么就太易燃，要么就太损害健康。

1845年，没有毒、熔点高的红磷被发现。瑞典人伦德斯特伦利用红磷做燃料，终于在1855年研制出安全火柴。这种安全火柴使用时，只需将火柴头在火柴盒侧面的涂层上一划，火柴就燃了。十几年后，安全火柴风靡世界。

19世纪末的欧洲，工人们需要在火柴工厂中不停地工作，以满足供货需求。

## 安全火柴的化学原理

制作安全火柴要用到氧化剂、催化剂和易燃物。火柴盒侧面涂着红磷、易燃物和黏合剂，有时也会加入一些用来增加摩擦力的粉末，因为一般的摩擦不能产生足够的热量使火柴头上的化学物起反应而燃烧，只有让摩擦产生的热先使火柴盒侧面涂层中的红磷与氧化剂发生反应，放出更多的热，才能促使火柴头中的易燃物燃烧起来，点着火柴杆。

## 打火机

从 19 世纪晚期到 20 世纪，火柴为我们人类的生活带来很多方便，但是，随着科技和社会生活的不断发展，又一种取火工具兴起，取代了火柴，这就是打火机。

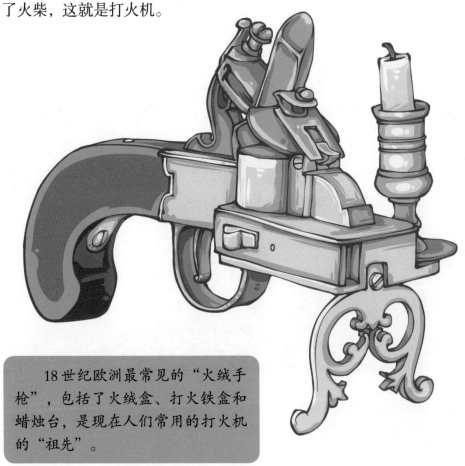

18世纪欧洲最常见的"火绒手枪"，包括了火绒盒、打火铁盒和蜡烛台，是现在人们常用的打火机的"祖先"。

打火机并不是突然出现的，我们之前介绍过的火镰就可以看作是打火机的雏形。如果你稍微留意，就会发现今天人们所使用的打火机依然有相当一部分是靠金属摩擦火石来点火的。

18世纪，"火绒手枪"被广泛使用，这可以被看作第一代打火机。它的设计灵感来源是燧发枪，最开始是由士兵制造的。

时间来到1823年，德国化学家德贝莱纳发现：海绵状金属铂遇到氢气会发出大量的热。他根据此现象背后复杂的化学原理，制作了一件点火装置：首先在玻璃容器中利用硫酸与锌的化学反应制作氢气，再借助铂的催化作用令氢气与空气中的氧气发生反应，生成水并放热。利用放出的热量加热金属铂使之变红，此时将易燃物靠近金属铂，便能被引燃。他设计的这一装置被称为德贝莱纳打火器，在安全火柴诞生之前，是最为流行的家用点火设备之一，但它并不适合随身携带。

## 💬 德贝莱纳打火器的工作原理

德贝莱纳打火器由四个部分组成：用来装稀硫酸的玻璃杯、内层的漏斗形玻璃罩、坠着锌块的铜丝、上面有喷嘴和金属铂的黄铜盖子。打开开关，锌块与稀硫酸反应产生的氢气沿玻璃漏斗上升，按下喷嘴开关，氢气放出，在金属铂的催化下，与氧气发生化学反应放热。关闭开关，持续生成的氢气会将玻璃漏斗中的稀硫酸"挤"出去，反应就自动结束了。

1903 年，奥地利人奥尔发现铁和铈的合金在摩擦时极易产生大面积的火花。这种合金也就是我们今天说的打火石。于是，人们将铁铈合金和金属转轮结合起来，利用浸透汽油、煤油等液体燃料的棉线来引火，这就离现代打火机又近了一步。20 世纪的许多打火机都是在此基础上改进的。

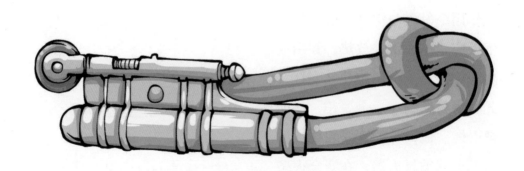

20 世纪早期的转轮式打火机

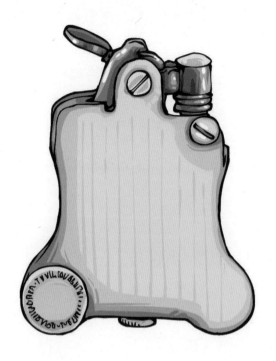

1926 年，世界上第一款自动打火机"班卓琴"在美国被制造出来。这种打火机点火时只需要按下按钮，使用完毕后，松开按钮，火焰即刻熄灭。

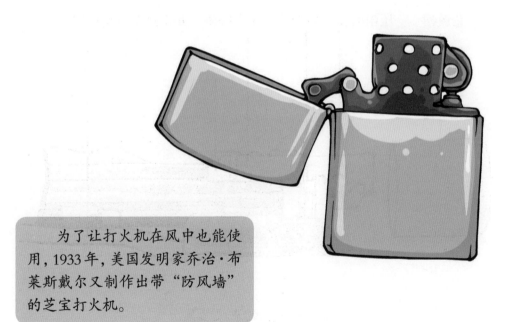

为了让打火机在风中也能使用，1933 年，美国发明家乔治·布莱斯戴尔又制作出带"防风墙"的芝宝打火机。

到了20世纪40年代，又有人发明出以丁烷气体做燃料的打火机，立即大受欢迎。因为人们认为气体燃料比液体燃料更为清洁，不会留下讨厌的余味。

20世纪50年代的登喜路气体打火机。

第二次世界大战期间，使用压电引爆的炸弹给了打火机制造者们灵感。20世纪50年代末，压电打火机首次进入市场。这种打火机中装有一块压电陶瓷。使用时按下点火开关，一个弹簧装置就会冲击压电陶瓷产生电火花，引燃释放出来的丁烷气体。

金属帽　　压电陶瓷　磷铜片　压电陶瓷　卯击触头　高压引线

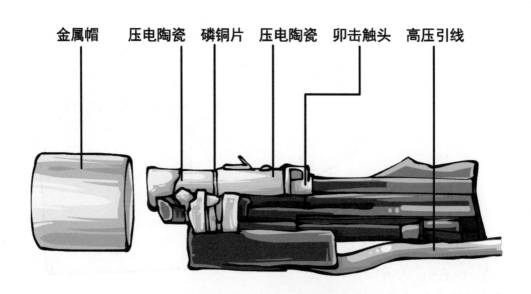

压电打火机的点火装置。

## 🗨 压电打火原理

压电打火机的核心是压电陶瓷或压电石英晶体等，它们在受到外力作用时，会在上下表面上产生相反的电荷，进而放电产生火花。

20世纪60年代，一次性打火机诞生。它有转轮和压电等不同的点火方式。作为燃料的液体丁烷被密封在塑料外壳里。

近年来，又出现了可充电的电弧打火机。它发出的不是火而是电弧，用电弧接触可燃物，就能燃起火了。

看来，只要人们依旧需要打火机，它就会一直进化下去。

## 🗨 电弧打火机原理

电弧打火机的内部是一个简单的电路。打开开关连接电路，位于打火机外部的正负极之间就会产生电弧。

## 🗨 日光取火

　　除了以上介绍的取火方式外，古代还有一种较少为现代人所知的取火方式，它利用的是阳光。

　　我国古代有一种叫"阳燧"的取火工具，它由金属制成，中央为下凹的抛物面（球面的一部分）。将它放在阳光下，能够将阳光聚为一点。聚焦于一点的阳光将产生大量的热，引燃火绒。

扬州双博馆藏西汉阳燧。

　　早在周代，人们就用青铜制作阳燧，因为它是金属制成的，所以也被称为"金燧"。阳燧一般做成小碟状，可以随身佩带。一直到清代，依然有人使用阳燧。

　　因为阳燧只能在晴天使用，所以，携带阳燧出门的人，通常也会带上其他的取火工具。

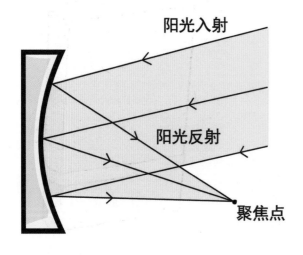

阳光入射

阳光反射

聚焦点

## 🗨 阳燧取火的原理

　　阳燧实际上就是金属制的凹面镜。平行光照射到凹面镜上，通过其反射，会聚焦在镜面前的焦点上。同时，它也能将光源散发出的热能聚集在焦点，当焦点上的热能足够大时，就能将易燃物点着。

在欧洲，有一个流传甚广的传说：古希腊数学家阿基米德利用凹面镜聚集阳光，烧毁了罗马战舰。

奥运圣火采集。

虽然这在现实中是基本无法实现的，不过，今天的希腊人仍坚持每四年一次，在全世界面前展示凹面镜取火的能力，那就是采集奥运圣火。

## 凸透镜

和凹面镜一样可以汇聚光线的凸透镜，也是古人的取火工具之一。

在美索不达米亚和古埃及，祭司在举行宗教仪式时，会使用简单的凸透镜来点火。在我国西汉时期，则有利用冰来制作凸透镜并点燃艾绒生火的记载。

## 凸透镜取火原理

阳光透过凸透镜后被向内折射，汇聚在焦点，在这一点产生的热能，足以点燃易燃物。

凸透镜的用途当然不只点火，在下一章当中，我们会介绍更多。

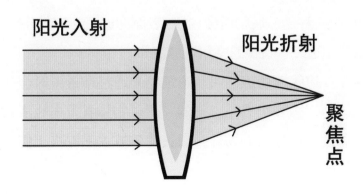

阳光入射　　　　阳光折射

聚焦点

# 二、从水珠到望远镜

清晨或者雨后，树叶和小草上会挂满晶莹的露珠。让我们把眼睛凑近看看，是不是发现露珠下的叶脉被放大了？

生活中还有什么东西能够帮助我们放大物体呢？你一定能立刻想到放大镜。不过，放大镜为什么能够放大物体呢？

## 凸透镜的作用

透镜，是一种由透明物质构成的，表面为球面的一部分的光学设备，光线可以从中透过。透镜通常用玻璃制作。

中间厚、边缘薄的透镜叫凸透镜，光通过凸透镜时会往里偏折，但我们的眼睛以为光仍然是直射的，所以物体看上去比实际的大，就像下页的原理图所展示的那样。凸透镜的放大率取决于使用者的眼睛与观看的物体之间的位置和距离。

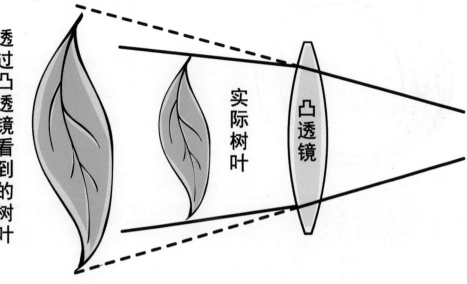

透过凸透镜看到的树叶

实际树叶

凸透镜

现在你应该明白了，圆形透明的露珠或水滴，都相当于迷你凸透镜，透过它所看到的物体，比真实的物体更大。虽然我们不清楚发明放大镜的人是否从水珠中得到灵感，但它们成像的原理毫无疑问是相同的。

5000多年前，古埃及人就会磨制石英或者半透明宝石当作放大镜了。而现存最早的放大镜实物是在古亚述帝国遗址上发现的，距今约2700年。

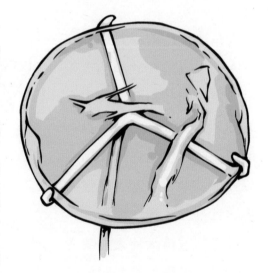

亚述水晶凸透镜，现藏于大英博物馆。它的放大倍数大约为三倍。

出土于江苏扬州憎泉山刘荆墓圆形水晶凸透镜，镶嵌在一个指环形的金圈里，能使物体放大五倍。

公元前 5 世纪，古希腊喜剧作家阿里斯托芬曾经在剧作《云》中提到，药店里出售用来聚焦太阳光引火的"点火玻璃"，这其实就是一种凸透镜。当时的医生常用烧灼伤口的方式来止血，因此，凸透镜在当时是一种医疗用具。

公元 1 世纪，正是中国东汉王朝统治时期。东汉光武帝刘秀的儿子刘荆的墓中，就有作为陪葬品埋藏的水晶凸透镜。

在数千年的岁月中，古人们一直都在利用凸透镜，但他们并不知道其中的原理。直到公元 11 世纪初，一位生活在今天伊拉克地区的科学家，通过数学计算，才首次向世人解释了凸透镜为什么能聚光。第一个用于科学目的的凸透镜，是英国科学家培根在 1250 年制造的，他用凸透镜做了许多实验，并详细描述了其原理。

罗吉尔·培根：实验科学的先驱，具有广博的知识，素有"奇异的博士"之称。

## 💬 凹透镜的缩小作用

凸透镜可以放大物体，那么，形状和凸透镜相反的，外侧比中间厚的透镜，是不是可以缩小物体呢？

没错，这就是凹透镜。光通过凹透镜时会向外侧偏折，但眼睛依然会被骗过，认为光是直射出来的，所以误以为物体比实际的要小。下图就展示了这一原理。

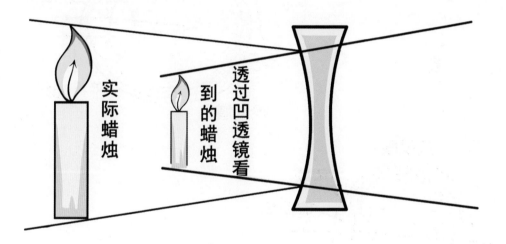

## 💬 眼镜

由于生活方式和环境的不同，古人得近视的概率比较低。与之相对的是，不论古今，只要人上了年纪，老花眼总是会找上门来。

正常的眼睛在放松状态下，外界的光平行进入眼内，焦点会正好落在视网膜上，看东西就很清晰。如果进入眼球的光线焦点无法落在视网膜上，眼睛就会看不清，这叫作"屈光不正"。随着年龄的增长，眼球的调焦能力变弱了，逐渐产生近距离阅读困难，这就是"老花眼"。使用各类透镜，可以使光线偏折，从而让焦点落到视网膜上，这些透镜就是我们所使用的远视、老花、近视和散光眼镜。

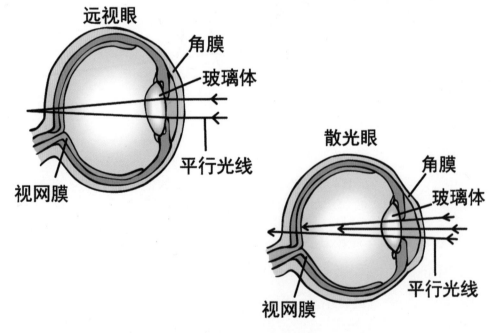

正常人

角膜

玻璃体

视网膜

平行光线

近视眼

角膜

玻璃体

视网膜

平行光线

远视眼

角膜

玻璃体

视网膜

平行光线

散光眼

角膜

玻璃体

视网膜

平行光线

正常的眼睛和屈光不正的眼睛。

11—13 世纪，欧洲抄写经卷的僧侣为了看清古卷上的字迹，制造了很多用于阅读的凸透镜。13 世纪中后期，玻璃的制作技术已经较为成熟。在当时的世界玻璃制造中心威尼斯，用于阅读的凸透镜被大量制造，并且人们很快发现，给它加上架子或手柄，使用起来更方便。于是，眼镜诞生了。

1352 年意大利画家托马索·达·摩德纳绘制的古画上，有一位老者在用带柄的透镜阅读书籍。

这种用木头做支架的可折叠型老花镜造福了许多 14 世纪的欧洲老年人。

近视眼镜的诞生时间比老花镜稍晚。人们发现凹透镜能够改善近视问题，但当时他们还没有彻底弄明白这到底是为什么，不过，这并不影响他们制作和使用近视眼镜。

17世纪欧洲流行的眼镜样式。

中国人使用眼镜来矫正视力是从明代开始的。16世纪，明代文学家田艺蘅曾在散文中描述一位官员使用的老花镜。明代的眼镜大多用水晶磨制，对于眼镜框的材质十分讲究，是毫无疑问的奢侈品，普通百姓是用不起的。

17 世纪中期，已是明朝末年。当时苏州的眼镜技师孙云球，首创了随目配镜的验光方法，研制出不同屈光度的镜片。他还写了一本制作眼镜的专著，让大家都来依法制作，眼镜价格随之大跌，变成了普通人能够消费的东西。到了清代，眼镜使用就更为普遍了。

明代《南都繁会景物图卷》，相传为画家仇英所画。画中有一位在街边摆摊的老人，戴着一副无镜腿的眼镜。

中国眼镜博物馆藏明代玳瑁圈嵌式活节直腿眼镜。

1784 年，同时患有近视和远视的美国发明家本杰明·富兰克林，为了避免频繁替换近视眼镜和远视眼镜，将两种眼镜合二为一，制造出了"双焦点眼镜"。这样一来，可以用一副眼镜同时看远处和近处的东西了。

本杰明·富兰克林：发明了避雷针，最早提出电荷守恒定律，还发明了双焦点眼镜、蛙鞋等。

1825 年，英国天文学家乔治·艾利发明了能矫正散光的眼镜。散光眼镜片是从柱面透镜上切割下来的。

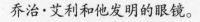
乔治·艾利和他发明的眼镜。

虽然眼镜可以改善视力，还可以作为装饰，但长时间架在鼻梁上也真是累。于是自然就有人想着，能不能制作出直接戴在眼球上的眼镜呢？达·芬奇可能是第一个把这种念头记录下来的人。

1887 年，一位德国科学家做出了玻璃隐形眼镜，但它的危险性显而易见。

20 世纪 30 年代，亚克力塑料被发明出来，立即有人试着用它来做隐形眼镜。不过，这种镜片不透气，戴着就别提多不舒服了。

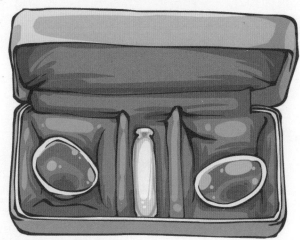

全塑胶隐形眼镜。

软性隐形眼镜是在 1961 年由捷克发明家制造出来的。它柔软、透气、舒适、无异物感，但缺点是容易吸附蛋白沉淀，因此，需要搭配护理液进行冲洗。它的使用寿命很短，但直到 1986 年才有人提出了定期更换的概念。

当然，人们并没有放弃制造能够长期佩戴且能保证舒适的隐形眼镜，现在我们用以矫正视力的"OK"镜就属于这一种。但不管眼镜片是硬还是软，短期戴还是长期戴，镜片清洁和眼角膜的保护都非常重要。

1954 年，法国工程师发明了树脂镜片，它是一种用有机材料制作的镜片。这一镜片材料的改革使得眼镜变得更为平价，用这种树脂材料制作的镜片也一直沿用至今。

到现在，各种造型、各种颜色、各种材质的眼镜多得数不胜数。

## 💬 望远镜

让我们把时间退回到 16 世纪末。当时，玻璃制作工艺的进步，使得透镜的质量也变得更高。1590 年左右，一名荷兰眼镜商亚斯·詹森偶然发现将一片凸透镜和一片凹透镜组合起来，可以将远处的物体清晰放大。1609 年，意大利伟大的科学家伽利略借由此原理，发明了人类史上第一台折射式天文望远镜。伽利略正是通过这台天文望远镜观测了月球，并手绘出了月球表面。

伽利略·伽利雷是意大利天文学家,物理学家和工程师,是欧洲近代自然科学的创始人。

伽利略制造的第一台天文望远镜并没能保存至今，仅留下了他对月球的观测记录。

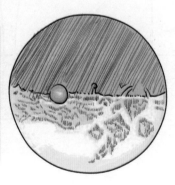

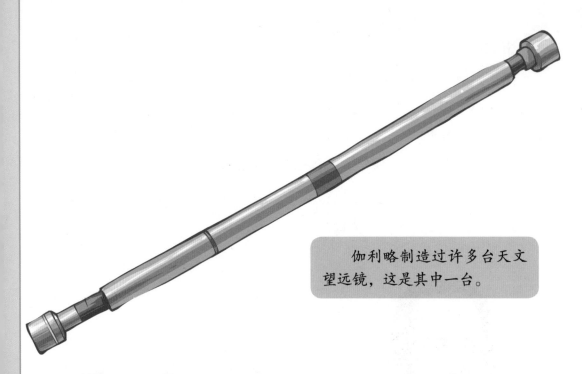

伽利略制造过许多台天文望远镜，这是其中一台。

## 💬 伽利略望远镜成像原理

光线经过物镜（凸透镜，位于望远镜前端）折射所成倒立的实像落在目镜（凹透镜，位于望远镜后端，靠近人眼）的后方焦点上，经目镜再次折射后成一放大的正立虚像。

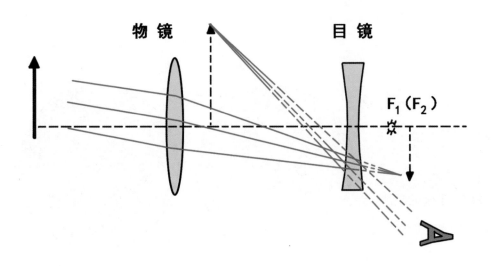

物 镜　　　　　　　目 镜

$F_1$（$F_2$）

1609 年由伽利略制造的第一台折射式天文望远镜，据说足足有 29 米长。后来，为了缩短透镜的焦距，让镜筒变短，不得不加大镜片的厚度，但这也导致了成像模糊，甚至被观测的物体周围出现光晕，对天文观察产生了很大的影响。

英国科学家，艾萨克·牛顿将折射式望远镜产生色散的现象与他进行的棱镜实验联系起来。1668 年，牛顿公开了自己设计制造的第一款反射式望远镜——用凹面镜和平面镜组合代替透镜组合，完美地解决了望远镜色散问题，也大大缩短了焦距，使得望远镜的长度有所减小。

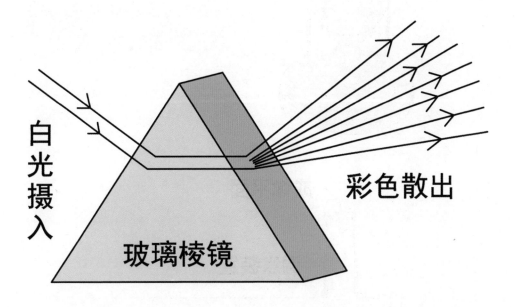

棱镜色散现象，是由于介质对光的折射率随入射光线频率的减小而减小，从而可以将光线中不同波长的光分开，从而形成了光的色散。

## 💬 牛顿的反射式望远镜成像原理

艾萨克·牛顿设计并制造的第一台反射式望远镜，采用一块由金属打磨制成的凹面镜作为反射光源的反射镜。计算出反射镜的焦点，并在焦点处设置一个与反射镜成45°角的平面反射镜，将光源以90°射至目镜。

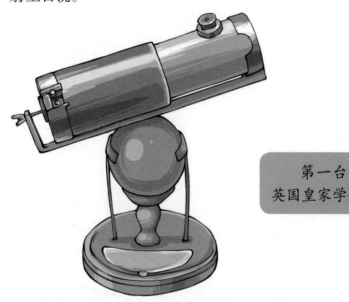

第一台牛顿望远镜，藏于英国皇家学会。

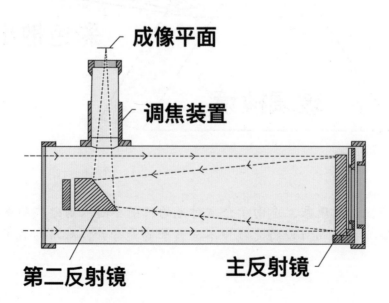

成像平面

调焦装置

第二反射镜

主反射镜

1845 年，爱尔兰天文学家威廉·帕森思在妻子的帮助下，建成了当时世界上最大的反射式望远镜。这台望远镜有 1.8 米粗的巨大口径，看起来简直像一门超级大炮。帕森思通过这台望远镜，看到了当时世界上从来没人见过的宇宙景观，绘制出了 M51 星云图，使人类首次看清了星云的具体结构。

威廉·帕森思，第三代罗斯伯爵，爱尔兰天文学家。

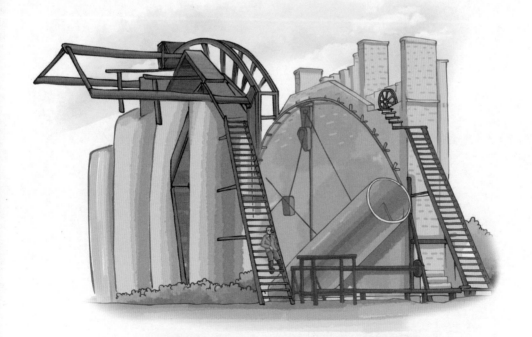

威廉·帕森思制造的大型反射式望远镜。

帕森思绘制的M51星云图，
清楚地显示了它的旋涡方式。

20 世纪，先进的大型反射式望远镜不断被建成，帮助天文学家们更好地观测和探索宇宙。到 1978 年，全球共有 23 架口径为 2~6 米的大型反射式望远镜，在旧有技术下，这也是望远镜所能达到的最大口径，但如果采用若干小透镜进行组合，就可以制造出更大口径的望远镜主镜片。1993 年投入使用的凯克望远镜就是这种新技术下的产物。

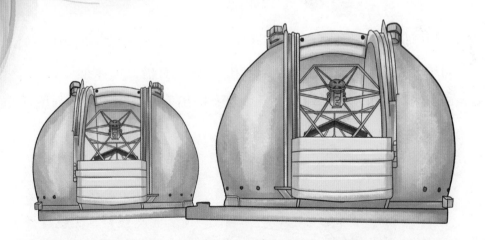

凯克 1 和凯克 2 望远镜，坐落于美国夏威夷莫纳克亚山顶，每台望远镜都有 8 层楼高。主镜片是由 36 块口径为 1.8 米的六角形小镜片组成的，组合后的效果相当于一架口径 10 米的反射望远镜。它的整个系统由计算机控制。

设置在地面天文台的望远镜，在观测时会受到地球大气层的影响，如果将天文台建到太空，就可以避免这些干扰。

1990 年 4 月，美国"发现号"航天飞机将造价 15 亿美元的哈勃望远镜送进了太空。让它在大气层之外的轨道上工作。哈勃望远镜在设计时，预计可以看到 140 亿光年之外的宇宙，但因为主镜的瑕疵，实际只能看到 40 亿光年之外。

哈勃空间望远镜长度超过 13 米，主镜口径 2.4 米，镜筒中携带着大量仪器。它服役已达 30 年，即将报废。

哈勃望远镜的继任者是 2021 年 12 月 25 日发射升空的詹姆斯·韦伯空间望远镜。它的清晰度比哈勃望远镜高 10 倍，可以继续帮助天文学家们探索宇宙形成的时间，各个星系的出现和演化等一系列奥秘。

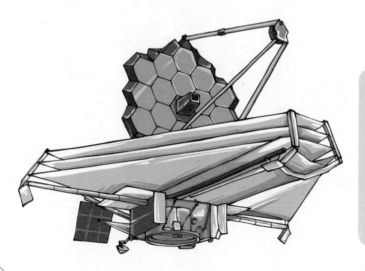

韦伯望远镜没有镜筒，主镜口径 6.5 米，由 18 块六边形镜片组成，表面镀黄金，以提高其反射红外光线的能力。

射电望远镜是当代宇宙探索中的另一大法宝，这种望远镜不是直接对物体进行观察，而是通过测量天体射电的强度、频谱和偏振量等数据来研究相关天体。以射电波研究天体的历史开始于第二次世界大战之前。1937 年，美国人格罗特·雷伯制造出了史上第一个抛物面型射电望远镜。在各种射电望远镜的帮助下，20 世纪 60 年代天文学家发现了脉冲星、类星体、宇宙微波背景辐射和星际有机分子等。诺贝尔奖中与天文观测有关的 10 项成果中，有 6 项都离不开射电望远镜。

当前世界最大单口径射电望远镜是位于我国贵州省的"天眼"望远镜，它于 2016 年 9 月落成启用。

## 显微镜

再次回到 16 世纪。那位启发了伽利略的亚斯·詹森还发现，将多个凸透镜组合起来，可以比单个凸透镜的放大效果更好。他由此制作出简单的复式显微镜。而伽利略在发明望远镜的同年，也利用两个凸透镜制作出了自己的复式显微镜。

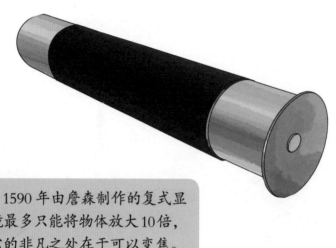

1590 年由詹森制作的复式显微镜最多只能将物体放大 10 倍，但它的非凡之处在于可以变焦。

1609 年，伽利略制作的第一台显微镜。

英国学者罗伯特·胡克曾经设计和制造出许多科学仪器，其中也包括显微镜。他使用自己制造的复式显微镜第一次观察到了软木组织中的蜂房结构，并将其命名为"cell"，也就是细胞，这个词一直使用至今。罗伯特·胡克将自己在显微镜下观察到的景象绘图并出版，引起轰动。人们通过胡克的显微画作，首次了解到那个丰富多彩的微观世界。

罗伯特·胡克用的显微镜。

荷兰显微学家、生物学家安东尼·列文虎克只靠单个透镜就自制出放大 300 倍的显微镜，并通过自制的显微镜首次发现了微生物，最早做出了关于肌纤维、红细胞、毛细血管中的血流等的记录。

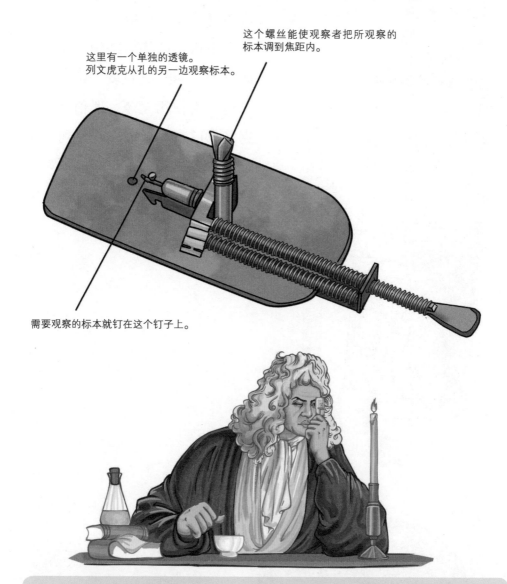

这里有一个单独的透镜。
列文虎克从孔的另一边观察标本。

这个螺丝能使观察者把所观察的标本调到焦距内。

需要观察的标本就钉在这个钉子上。

列文虎克制作的单片显微镜很小且构造简单，但其显微能力却超过当时世界上所有的显微镜。在两块凿出小孔的黄铜片之间镶嵌透镜，用针尖固定标本，用螺丝钉调整焦距。使用时，先固定好标本，拿起显微镜对准光源，然后调好焦距进行观察。

19 世纪中期，德国光学仪器制造商卡尔·蔡司开始制造复合显微镜。他发现，像前人一样挨个尝试不同的透镜组合以找到最佳显微效果，反而会让显微镜的质量不稳定。于是，蔡司公司先进行系统计算，再进行制造，制造出明显质量更高的显微镜。

光学玻璃的发展消除了透镜色差的影响，也推动了显微镜的发展。19 世纪末到 20 世纪前半期，是光学显微镜最为风光的一段时期。

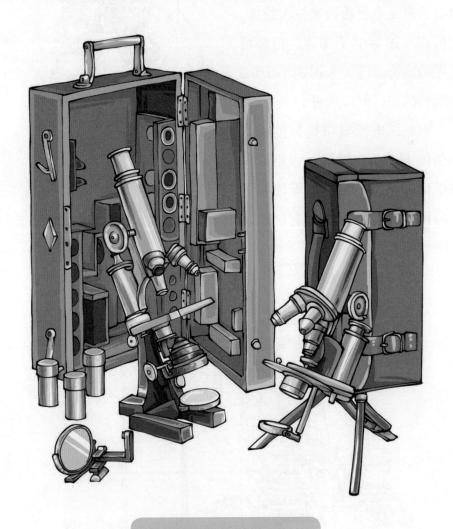

19世纪末的光学显微镜。

1952年，英国剑桥大学的工程师查尔斯·奥特利制造出了第一台实用的扫描电子显微镜。由此，电子显微镜的时代开始了。

电子显微镜的发展建立在光学显微镜的基础上。电子显微镜用电子束而不是透镜来放大物体。它可以通过令电子加速，突破可见光的波长范围，来识别小于0.2微米的结构，例如病毒。

不过，电子显微镜只能在真空条件下工作，因此，很难用来观察活的生物。因此，即使电子显微镜分辨率更高，但它仍然无法完全替代光学显微镜。

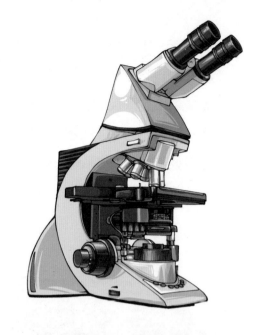

现今在实验室中常见的光学显微镜。

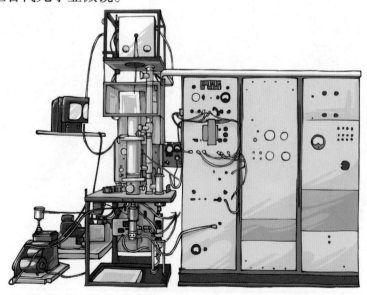

查尔斯·奥特利研发的第一台扫描电子显微镜。

# 三、从圆木到车轮

轮子是人类第二个古老的重要发明，它平滑转动的特性不仅方便了运输，还方便了人们的生活。除了大大小小的车轮，我们还可以在许多地方发现轮子：发动机里有飞轮、钟表里有齿轮、制作陶瓷器时要用到陶轮……你应该会发现，这些轮子都是圆形的。

## 💬 车轮为什么都是圆的

即使我们的祖先不明白其中的原理，但他们也能通过观察得出这样的结论：让一样东西在地上滚动前进，要比在地面上拖着它前进更省力。现在我们知道了，这是因为滚动摩擦力比滑动摩擦力小。

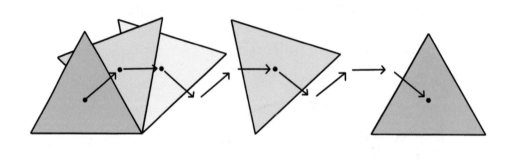

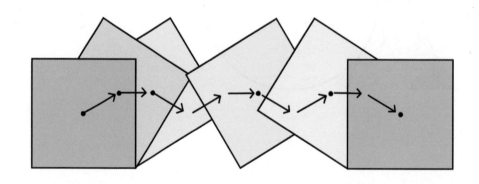

圆形有这样一个特性：圆心到圆周上任意一点的距离都是相等的，所以当车轮在地面上滚动时，圆形的车轮围绕穿过圆心的车轴转动，车轴与地面的距离就总是等于车轮半径，这样行驶起来才会平稳。

假如车轮是方形的、三角形的、多边形的或椭圆形的，随着它们的滚动，车轴离开地面的距离会不断改变，车子也会一高一低不断颠簸。

在边长（直径）相等的情况下，所有平面图形中，圆形的周长最短。所以，把车轮做成圆形也最节省材料。

### 直径为 1 时

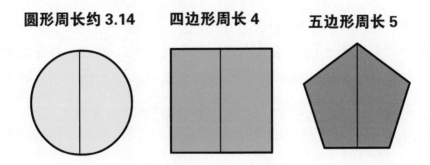

**圆形周长约 3.14**　**四边形周长 4**　**五边形周长 5**

如果我们观察圆木的横截面，会发现它也是近似圆形的，因此，圆木也能"咕噜噜"地滚动。远在轮子出现之前，生活在世界各地的古代人类，就已经陆续学会了使用滚动的圆木来运输沉重的货物。

原始的滚木运输不能稳定地控制前进方向，速度也很慢，之后又经过很久很久，人们才学会把圆木改进成轮子。

已知最早的车轮出现在公元前 3200 年左右的美索不达米亚，当时生活在这里的苏美尔人已经开始在马车上使用车轮了。

苏美尔王朝的乌尔王陵出土的四轮战车壁画。

苏美尔壁画中的车轮其实是从圆木上横截下来的实心车轮，用金属进行了加固。实心车轮制作容易，但是过于笨重，还很容易开裂损坏。还有一点，制作实心车轮必须用结实粗大的树木，但地球上并不是所有的地区都能找到足够粗的大树的。后来，人们把几块木板钉在一起，做成木板车轮。车轮重量变轻了，但转动的效果却退步了。

在缺乏高大树木的古埃及，人们对车轮进行了改进，首先做出了由轴孔、轮辐、轮辋组成的车轮，这就是最早的空心轮。空心轮大大节省了木料，而且非常轻便，令车子可以跑得更快、更远。

埃及的车轮匠。

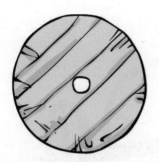  

木板车轮中间部位的木板留得较厚，以支承轮轴；中心留出一个方形的孔用来插接轮轴，比实心车轮时期的圆孔更牢固。为了耐用，会用金属为车轮包边。

发掘自公元前 15 和 14 世纪埃及古墓里的有轮车，是完整保存下来的最古老的有轮车实物，它由许多块精心挑选的木材组装而成。那时候的工匠已能够通过加热使得木材弯曲成弧形，这种技术在现代依然在使用。

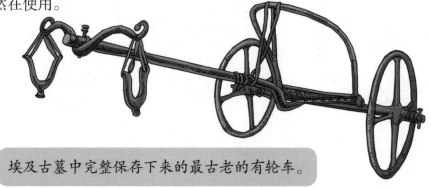

埃及古墓中完整保存下来的最古老的有轮车。

木头车轮的使用一直延续到近代。18 世纪末，当瓦特成功改进了蒸汽机后，人们便尝试用蒸汽机来带动车辆。19 世纪曾经出现了许多蒸汽汽车，在随后的数十年之中，它们的车轮和蒸汽火车一样采用钢铁制造。可惜蒸汽汽车并不像蒸汽火车一样在光滑的轨道上行驶，因此坐在上面十分颠簸。

1801 年，英国人理查·特里维西克制成了最早的载人蒸汽车辆之一的"伦敦蒸汽马车"。这种车能乘坐 6 人，最高速度能达到每小时 27 千米。

1860 年英国人托马斯·里基特制造的三轮蒸汽汽车。

当橡胶这种材料被发现后，人们试着用它来制作车轮的轮胎。橡胶轮胎搭配上细细的金属辐条，比木车轮和铁车轮都轻便了许多。不过，最早的橡胶轮胎是实心、硬质的，在不平整的道路上行驶，依然能把人颠得晕头转向。

骑着实心橡胶轮胎自行车的人们被颠得愁眉苦脸，只能尽量俯身骑行，缓冲一部分颠簸。

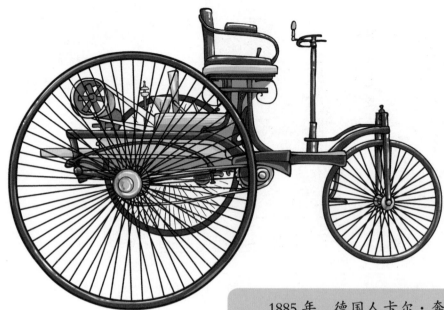

1885年，德国人卡尔·奔驰制造的世界上第一辆采用汽油发动机的汽车——奔驰一号，使用的正是实心橡胶轮胎。

1888年，英国的一位兽医邓禄普无意中踩到草丛里的一根正在浇水的橡胶皮管，顿时有了主意：如果把橡皮管里面充满空气，用来做车轮，效果应该不错，而且重量一定会比当时人们使用的实心橡胶轮胎轻很多。

于是邓禄普找来一块圆木板，先在木板边缘钉了一圈粗麻布，然后将皮管插入麻布之间，并固定在金属轮圈上，最后为皮管充气并密封。

邓禄普的第一个充气轮胎试验品。因为使用的是木制车轮和金属轮圈，因此改造后还是太沉。

邓禄普随后在小儿子的骑行三轮自行车上开始了进一步的改造，将橡胶皮管直接固定在车轮轮圈上，并在外层又覆盖了一层耐磨的橡胶条。他的小儿子骑上了这辆采用充气轮胎的三轮车，骑行非常成功，路面的颠簸和冲击非常小，骑行速度也越来越快，以至于邓禄普不得不喊儿子不要骑得太快。

邓禄普改造的三轮车，后两个车轮使用了充气轮胎。

接下来，邓禄普并没有闲下来，而是相继开发出汽车使用的充气轮胎，以及胎面带横向花纹沟槽的汽车轮胎，大大改善了汽车在雨雪天湿滑路面行驶时轮胎打滑的情况。

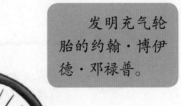

发明充气轮胎的约翰·博伊德·邓禄普。

邓禄普公司的充气汽车轮胎广告。

早期的充气轮胎，使用涂有橡胶的帆布作为帘布。车辆行驶时，由于轮胎受力变形，导致织成帆布的纬线和经线互相摩擦，线很容易被磨断，轮胎也就不能继续使用了。这时的汽车，每行驶 200~300km 就需要换轮胎了。

20 世纪初，斜纹纺织品诞生。人们用这种织物来做轮胎的帘布，由于经纬线交织方式的改变，帘布不再因轮胎的行驶而磨坏，所以轮胎的寿命大大加长。

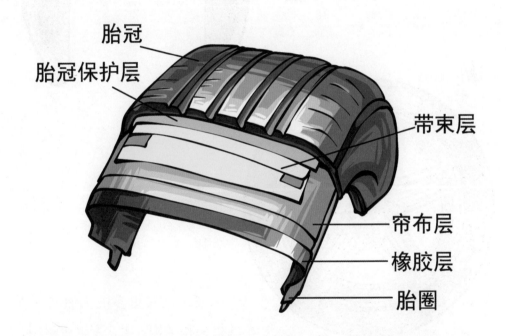

胎冠
胎冠保护层
带束层
帘布层
橡胶层
胎圈

这是轮胎的基本构造。帘布层是橡胶轮胎的骨架，能够抵抗张力保护橡胶。

1930 年，米其林制造了世界上第一个无内胎轮胎。1948 年，他们又首创子午线结构轮胎。对比之前的轮胎，子午线结构轮胎的使用寿命和使用性能得到了显著的提升。子午线的出现轮胎被誉为轮胎的工业革命。

到了 20 世纪 50 年代，铁线轮辐由块状金属轮辐取代，轮胎变得更加坚固。现代的车轮终于诞生了。

子午线轮胎

现代车轮。

后来，又有更多的人改进了车轮的材料和结构，让它变得更耐用，并适应多种用途，随之也发展出许多不同的类型轮胎。

经过上千年的发展，车轮早已成为了我们日常生活的重要组成部分。现在，科学家、工程师们还在不断实验，改进材料和结构，创造出一个又一个新科技轮胎。

# 四、从磁石到罗盘

磁石是一种天然的矿物质，叫作磁铁矿。磁石具有磁性，能够吸引铁、镍等金属。

聪慧的中国古人很久以前就已经知道磁石能吸铁了，同时他们还发现磁石的两极同极相斥，异极相吸。后来，他们发现当磁石可以自由转动，且有一端一直指向南方。

古人根据磁石的这一特性发明出了指南针的始祖——司南。根据古籍中的记载推测，司南由把用磁石制成的磁勺和一块标有方位的地盘组成，磁勺的把能指示南方。

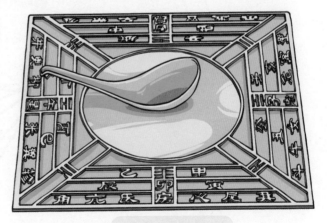

司南（模型）。

## 💬 指南针为什么能指南北

让我们先暂停一下，搞明白这个问题——指南针到底为什么能够指示南北？

这是因为地球本身就像是一块大磁铁，存在地磁场。地磁的南北极和地理上的南北极方向相反，即磁北极在地理南极方向，磁南极则是在地理北极方向。

因为磁铁与磁铁之间，同极相斥、异极相吸，因此指南针的北极被地磁南极所吸引，指向了地理的北极，指南针的南极则被地磁北极吸引，正好指向地理的南极。"指南"的名称由此而来。

地磁的南北极与地理的南北极轴线并不完全重合，存在磁偏角。我国北宋学者沈括在《梦溪笔谈》中，首次记载了这一现象。

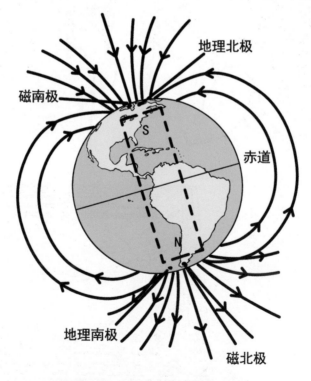

地磁南北极和地理南北极。

公元 4 世纪起，中国古人们开始利用天然磁石或人工磁化的铁片制造指南鱼，它使用起来比司南方便多了。最早的指南鱼用一块约 6 厘米长的鱼形薄铁片做成，"鱼肚"部分做得下凹，使得它能像小船一样浮在水面上。光是这样，磁鱼还无法具有磁性，需要将铁片烧红，然后让磁鱼的尾巴朝北，以一定角度放入水中冷却。此时，由于地球磁场的作用，铁片已经具有了磁性。不过，这样磁化的铁片，磁性不能维持太久。

只要在无风处放一碗水，把指南鱼放在水面上旋转，等到静止时，鱼的首尾就会分别指向南北。

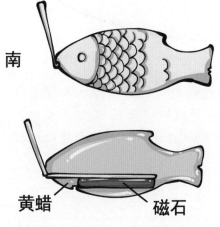

南

黄蜡　　　磁石

后来，有人改进了做法，用拇指大小的木头加上天然磁石来制作指南鱼，磁性就能持续更长时间。

中国古人们又发现，在磁石上摩擦铁片，就能够让铁片带上磁性。在现代，我们依然可以用这种方法制造出磁铁。

成书于南宋末年至元初的《事林广记》中记载的木头指南鱼。它的制作方法是在一块刻成鱼形的木片上嵌入磁石，用蜡封住，然后在鱼嘴里插入一根针，来指示方向。

用摩擦磁石的方式制造出磁针，再让磁针穿过一截羽毛管或者灯芯草，令它浮在水上，就可以指示方向。除此之外，还有丝线悬垂、针顶等方法。

公元 12 世纪的北宋，水浮磁针已经用于航海。到南宋时，用水浮磁针搭配上方位盘，就制成了水罗盘这种仪器。明代的郑和下西洋时，所乘坐的船上就配备了水罗盘。

水罗盘模型。郑和下西洋时使用的就是类似的罗盘。水罗盘中央为天池，其中灌水，放入磁针。天池周围的罗盘刻有 24 个单位，分别用中国传统的 12 地支，加上天干中的前 8 个和八卦中的乾坤撰艮组成。

在 12 世纪末，磁针被阿拉伯人从中国传到欧洲。大约在 14 世纪，欧洲人改进水罗盘，发明了旱罗盘。这种罗盘的磁针重心上有个小孔，以轴穿过，与下面的方向刻度盘连接在一起。这样，当方向改变时，就不必再用手去转动罗盘了。

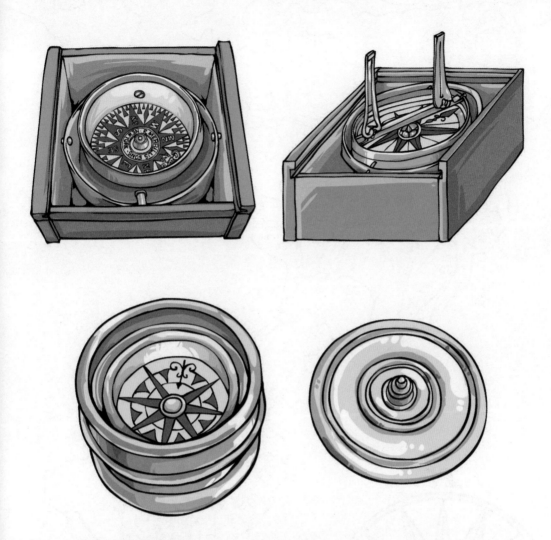

16 世纪欧洲人设计制造的各种旱罗盘，搭配了平衡环，使磁罗即使在船舶摇晃中也能保持水平。

15 世纪到 17 世纪，欧洲的船队带着旱罗盘，开始了一连串的远航探险，将曾经未知的海域化为了通途。哥伦布横渡大西洋到达美洲大陆，麦哲伦船队环球航行成功，以上大事件都发生在被称为"地理大发现"的时代。而这个时代，可以说正是由磁针所开启的。

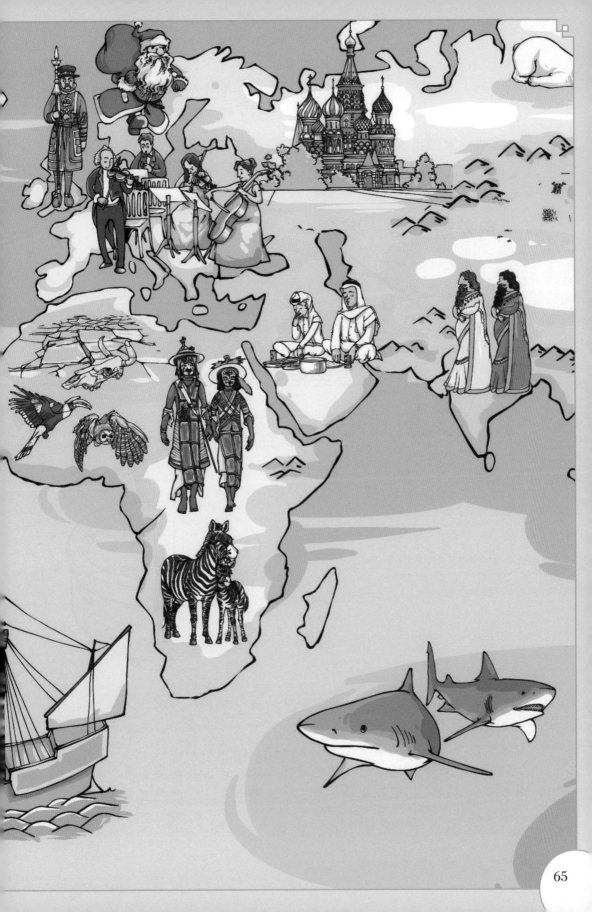

到了 19 世纪，铁船出现后，由于铁质船体对磁针产生干扰，船上搭载的旱罗盘也显得不那么可靠了。为了修正干扰造成的指向偏差，许多科学家做出了长久的努力。他们从古老的水罗盘中得到了灵感，发明了液体磁罗经。

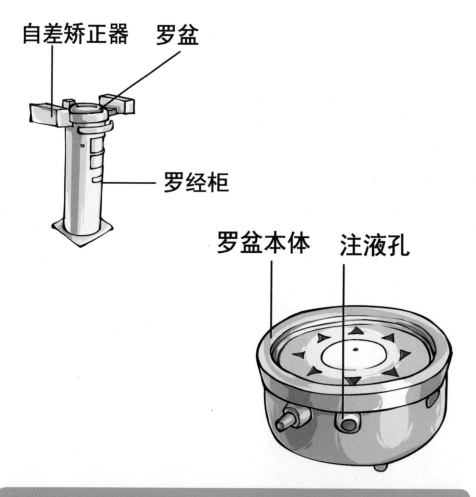

自差矫正器　　罗盆

罗经柜

罗盆本体　　注液孔

　　船舶上的罗盘又叫作罗经，分为磁罗经和陀螺罗经。磁罗经又曾经分为干罗经（旱罗盘）和液体罗经（水罗盘）。随着干罗经被淘汰，现在只剩下了液体罗经：罗盘被封在充满酒精、蒸馏水混合液的罗经盆中，液体的浮力使摩擦阻力减小，指向能够更加稳定和灵敏地转动。而罗经盆被安装在万向平衡环上，即使船舶晃动，也能保持水平。

不过，液体罗经只能放在船舱外才能尽量避免船体对磁针指向的影响。人们依然需要更加方便精密的导航仪器。于是，在 20 世纪，又诞生了电罗经，它利用的不是磁性，而是陀螺的特性，同时搭配一系列非常复杂的控制系统，能自动精确地指示北方。但电罗经也不是完美的，一旦没有了电，它就派不上用场了，所以，许多船舶都会同时安装电罗经和液体罗经。

飞机磁罗盘通常是装满煤油的液体罗盘。

船舶需要测量方向的仪器，飞机当然也需要。船舶上有罗经，飞机上则有航空罗盘。航空罗盘也有磁罗盘和电罗盘之分。在许多老式的飞机上，磁罗盘是唯一的测向工具。

在 21 世纪，飞机越来越先进。很多时候，飞机依靠卫星定位，搭配先进的惯性导航系统。但即使在拥有高级导航系统的民用、军用飞机上，磁罗盘依然存在。当高级导航系统出故障的时候，备用的磁罗盘还能发挥作用。

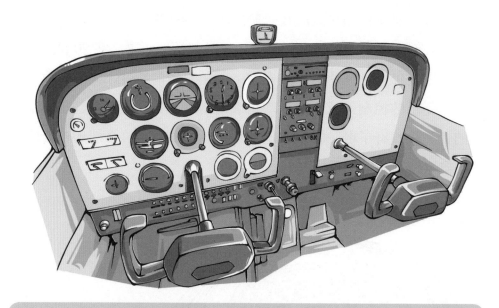

　　这是常见的小型飞机"塞斯纳"的仪表盘，位于仪表盘最高处的就是磁罗盘。这类飞机通过无线电配合地面导航台的领航，甚至可以只看仪表就成功飞抵目的地。

　　在我们所熟知的"空中客车""波音客机"甚至战斗机上，至今也仍然配备有磁罗盘。

如果觉得航海、航空用的罗盘太复杂了，我们可以回头看看小型的指南针，在旅游、登山、地质勘探、军事行动的时候，它们也能派上大用场。

你随时都可以使用便携指南针，但它仅有指示方向的基本用途。

军用指南针需要具有专业知识的人配合军事地图使用。它具有许多功能，非常结实耐用。

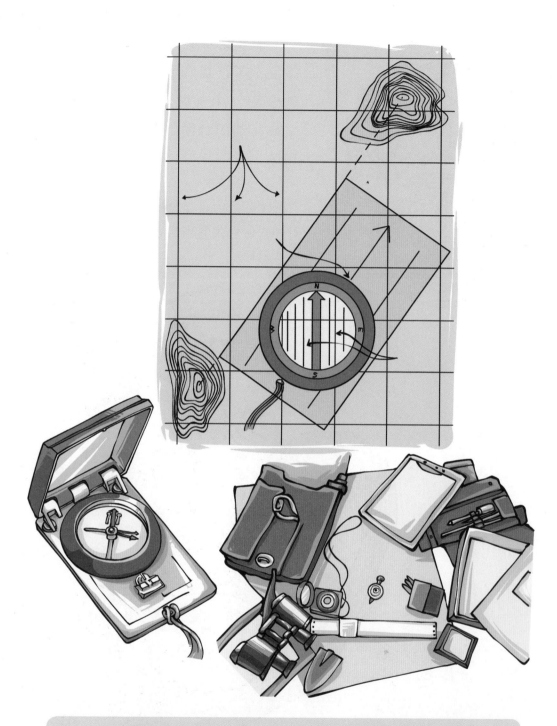

　　登山专用指南针有许多额外的配置，需要和地图配合使用，在登山运动、野外探险和地质勘探中都能起到大作用。

# 五、从小孔成像到照相机

## 小孔成像现象

早在公元前 5 世纪的中国，墨子和他的学生们就曾经做过一个有趣的实验：让一个人在室外面对向阳的墙壁，墙上开有小孔，屋内正对小孔的墙壁上会投射出这个人头在下脚在上的影像。

这就是世界上第一个"小孔成像"的科学实验。不过，小孔成像的原理到底是什么呢？

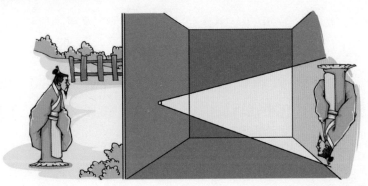

## 小孔成像的原理

墨子和他的学生们完成小孔成像实验后，进一步解释说：光穿过小孔，就像射箭一样（直线前进）。因为头部"遮住"了上部的光线，所以成影（成像）在下面；脚"遮住"了下部的光线，所以成影（成像）在上面。

光沿直线传播，就是小孔成像的基本原理。

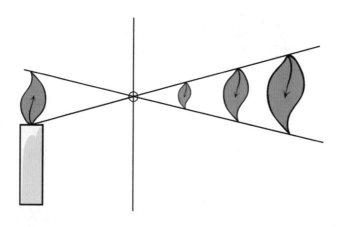

墨子还研究了物体与影像的大小同小孔距离的关系。他发现物体距小孔越远，成像越小；物体距小孔越近，成像越大。

## 💬 暗箱

小孔成像现象最初的应用，是 17、18 世纪欧洲画家之间流行的绘画辅助工具——"暗箱"。这是一种木制的箱形仪器，正面开小孔，后面有一块磨砂玻璃，画家可以在玻璃上将经小孔投射的影像描下来。经过改进的暗箱，在小孔后放置 45 度倾斜的镜子，使得反射后的像在上方呈现，使画家描画更加方便。

为了方便外出携带暗箱，有人更是想出了将凸透镜装在小孔上的方法，这样，通过凸透镜得到的就是正像，成像效果也更好，并且让暗箱体积进一步缩小。这种"暗箱"所用的原理跟现在所用的照相机原理相同，所以，"暗箱"也被称为照相机的前身。

图为 19 世纪初画家们使用的暗箱。它有两个嵌套的结构，可以前后滑动调节焦点。

## 照相底片与照相机

　　暗箱虽然能投影，但是这种影像不能直接被保存。从暗箱描图到摄影术，首先需要跨越的就是这一难点。

　　1717年，德国一位名叫舒尔茨的教授做了这样的实验，将硝酸银和白垩的混合物涂在纸上，在这张纸上又覆盖一张剪出许多字母镂空的黑纸。经太阳照射后，只有能透光的字母部分变黑了。这是人们对感光材料的第一次尝试。

舒尔茨教授在做硝酸银遇到光变黑的化学实验。

　　真正第一次将感光材料和暗箱结合起来的人，是英国人托马斯·韦奇伍德。他曾将物体和毛玻璃素描稿放在涂有硝酸银溶液的皮革上，用直接曝光的方式制作过许多照片，但因为没办法让影像固定下来不再遇光反应，他只能在白天曝光，晚上再把照片拿出来看。1802年，他在朋友的帮助下，将涂有硝酸银溶液的纸放入暗箱进行实验，但因为材料的感光性不足而失败。韦奇伍德虽然没能成功，但他的发现对摄影技术的出现起到了开创性的作用。

法国人约瑟夫·尼塞福尔·尼埃普斯在1822年发明了一种不使用任何氯化银溶液的"日光摄影法"。他将沥青溶解于薰衣草油，然后涂在锡合金板上，放入暗箱进行摄影，最后，在薰衣草和挥发油的混合液中显像。1826年，他用这种方法，经过8小时曝光，拍摄了自己窗外的景色，这张照片成为了现存最古老的照片。

约瑟夫·尼塞福尔·尼埃普斯。

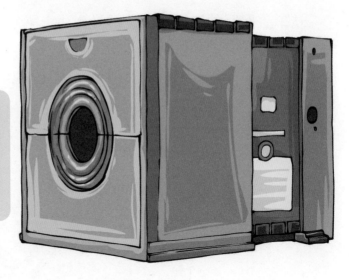

尼埃普斯使用的暗箱，采用了嵌套的双层结构进行调焦，感光板安装在最后部。

在尼埃普斯的发明的基础上，法国美术家、化学家达盖尔用一种精巧的银版来制作照片。

这种银版的制作并不复杂，即用碘蒸汽去熏蒸镀了银的铜板，铜板的表面就覆盖了一层均匀的碘化银。

达盖尔将银版放到暗箱里，对准物体开始曝光。曝光结束后取出银版，用水银蒸汽使银版上感光的碘化银变黑，再将显影后的银版浸泡在盐水内定影，最后用蒸馏水将药剂洗干净，这样，一张银版照片就完成了。这个照相技术就被叫作达盖尔银版摄影术。他在1839年向世人公布了自己的发明。

达盖尔：法国美术家和化学家，因发明银版摄影法而闻名，他学过建筑、戏剧设计和全景绘画，尤其擅长舞台幻境制作。

达尔盖发明的照相机也被世界公认为第一台真正的照相机。它和尼埃普斯的暗箱外观十分相似，但增加了用透镜制作的新型镜头，镜头上还有可旋转开闭的盖子，用于控制曝光时间。在晴天室外，用这台相机拍摄银版照片需要 20 分钟曝光时间，但这在当时已经是一大进步。

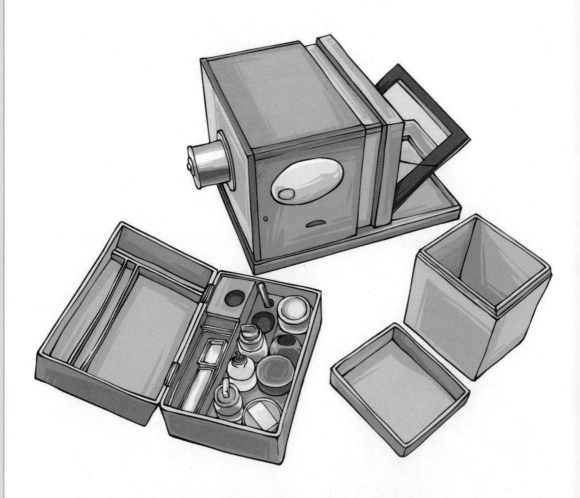

达盖尔相机、存放底片的木盒以及配置显影液、定影液所需要的化学品。

银版照片虽然图像清晰而且能永久保存，但是它并不完美。这是因为，整个银版照片看起来像一面镜子。如果你不找准合适的角度进行观察，有可能看不到影像，甚至看到照片的黑白颜色和原先影像的颜色还是相反的。而且通过银版摄影术拍照，一次只能获得一张照片，价格很昂贵。

客人拿着自己的银版照片上下左右找角度看。

塔尔博特与他自制的相机。

几乎就在法国人达盖尔发明银版摄影术的同时，英国人威廉·塔尔博特也在努力进行自己的发明。18世纪30年代初，他以自己的工艺制作碘化银相纸，获得了专利。在1841年，他又发明了一种用一张底版就能洗出很多张照片的摄影技术——卡罗摄影术。

1839 年，威廉·塔尔博特通过直接曝光法在纸上拍摄的两个植物标本图。

卡罗摄影术是用涂上感光材料的纸放进"暗箱"里，经曝光后用药剂处理显出影像，再定影。其最大的改进在于，定影后，将其浸入蜡做成了底版，然后利用印相纸印出照片。因此，只要印相纸足够多，你想洗多少张照片都没问题。

卡罗摄影术使用的是纸作片基，价格虽然便宜，但是照片很不清晰。

1844 年，塔尔博特开设了一家"照相复制工厂"，专门用作卡罗摄影法的照片复制。

1840 年，相机镜头也迎来了它的飞跃式发展。这一年，维也纳大学教授匹兹伐通过科学计算设计出了世界上进光量最高、成像最好的镜头。1841 年，彼得·沃可伦德制造出匹兹伐设计的镜头，并把它搭配在世界上第一台全金属机身的相机上。

搭配匹兹伐镜头的沃可伦德全金属银版相机。

在匹兹伐镜头诞生以前，即使在艳阳下拍一张照片也要曝光 10 分钟左右，想要拥有自己肖像照的人们不得不非常辛苦地长时间保持不动。而匹兹伐镜头通过增大镜头的进光量，大大缩短了曝光时间，使用者甚至可以拍下一些缓慢移动的物体。这是一个里程碑式的发明，但竟然没有申请专利，所以它立刻就被世界各地的镜头生产厂家拿去进行批量生产了。在长达 50 多年的时间里，市场上最受欢迎的相机镜头都是各型匹兹伐镜头。

早期匹兹伐镜头的镜筒是黄铜制的，中部有个插槽，需要插入金属插片，每个插片上有大小不同的圆孔，通过插入不同的插片来调节进光量的多少，最大进光量是当时其他相机镜头的 19 倍。匹兹伐镜头的焦点的调节是通过调焦轮来进行的。

1851年，影像清晰、价格便宜还能复制照片的摄影法出现了。这就是英国雕塑家阿切尔发明的火棉胶摄影法。这种方法需要将感光材料涂在玻璃板上，装入相机曝光，显影、定影后，就得到一张玻璃底片，然后就可以用它来大量印制纸质照片了。但遗憾的是，火棉胶摄影法的感光材料不能长期保存，必须现场配置，趁玻璃还湿的时候就开始曝光，所以这种摄影方法也叫湿版摄影法。

火棉胶摄影法，拍照时需携带大批玻璃瓶、玻璃板、药水等，便利性差。它的感光材料是这样配制的：先用加入碘化物的火棉胶涂在玻璃板上，再将其浸入硝酸银溶液里发生反应生成碘化银，从而具有感光性。

1871 年，英国的马多克斯研制出一种可以长期保存的溴化银明胶乳剂，直接将它涂抹在玻璃板上就可做底版，无须再在现场配制感光材料了。这种方法叫作干版摄影法，它终结了湿版摄影法短暂的辉煌。

干版摄影法的发明者——马多克斯。

干版相机前后木制面板之间有长长的皮腔连接，皮腔下安了可以滑动的面板，用来调节焦距。

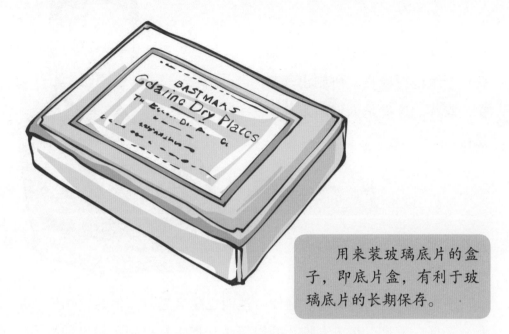

用来装玻璃底片的盒子，即底片盒，有利于玻璃底片的长期保存。

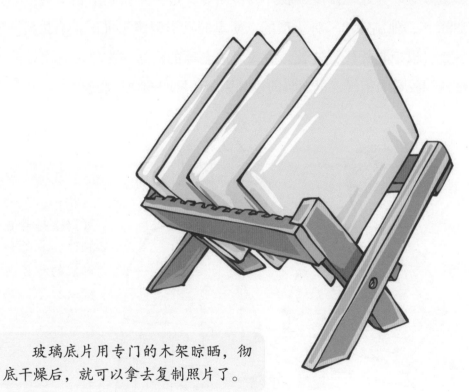

玻璃底片用专门的木架晾晒，彻底干燥后，就可以拿去复制照片了。

1881 年，美国的乔治·伊斯曼对干版进行改良，研制出塑料卷式胶片，这就是人们后来称的胶卷。

乔治·伊斯曼。

感光材料越来越简单、轻便，性能也越来越好，但是，相机还是那么笨重。为此，制造出胶片的伊斯曼又把主意打到了相机的身上。1888 年，他制造出一种小型的、简单的匣子型照相机，双手甚至一只手就可以把它托住，这就是后来风靡全球的柯达照相机。它也是第一部使用胶卷的相机，里面装的也是伊斯曼发明的柯达胶卷。

第一台柯达相机，人们可以手持着它拍照，取景和对焦的程序也被省掉了，按下快门即可。

在当时，柯达胶卷很少单独售卖，这是因为人们只要花 25 美元就能买到一部里面已经放好 100 张底片的柯达相机。拍完以后，再花上 10 美元，把相机寄给柯达公司，柯达公司就会帮客户冲洗印制好照片，然后再将新胶卷装入相机，连同洗好的照片一起寄回给客户。

这是唯一一盒现存的 1888 年产的柯达胶卷。

本书所提到的相机到目前为止，除了根本无法取景的初代柯达相机之外，都有这样一个特点：它们取景和对焦时都可以直接在相机后部的毛玻璃"对焦屏"上观察到镜头前的景象，但如果要拍摄照片，就必须在对焦屏的位置上装上不能见光的底片，在这个过程中就无法看到画面。

19 世纪后期的人们绞尽脑汁改进相机，就为了能够一边取景对焦，一边拍摄照片。他们想到了暗箱时代用以改变投影方向的"反光板"，于是他们把拥有一支镜头、一块反光板的相机叫单反相机，其中的反光板除了用于取景外，还兼作快门使用；有两支镜头、一块反光板的相机被叫作双反相机，反光板在这里仅用于取景。

　　最早的实用双反相机发售于 1887 年，上面的镜头搭配反光镜，用于取景，下面的镜头用于给底片曝光。后来的所有双反相机都沿用了以上设计。

　　不论是单反相机还是双反相机，一开始的设计目的都是为了携带和使用更加方便。双反相机通过反光镜能在取景时观察正像，让拍摄变得方便不少，因此，在一开始时胜出了。单反相机则在之后的不断改进中，通过多次反射的方式解决了取景成像颠倒的问题，使得"所见即所得"。

　　现今最常见的单反相机反光板设计。

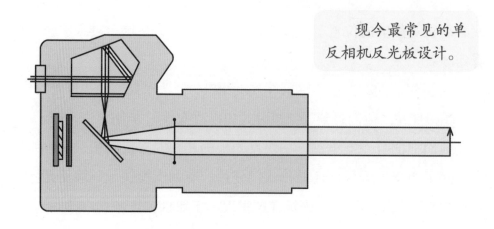

19世纪后期的人们可以说在摄影术的方方面面都做出了尝试。1861年，一位名叫麦克斯韦的科学家创新地采用三原色之红、绿、蓝分别摄影，再用重叠放影的方式，拍摄出了第一张彩色照片。在此之前，世界上所有的照片都是黑白的。

世界上第一张彩色图像：格子丝带。

进入20世纪后，许多生产高质量光学仪器的厂家都开始研究、生产相机以及相机镜头，相机和胶片的发展就更快了。快门、取景器等得以改进，小体积、铝合金机身等双镜头及单镜头反光照相机纷纷出现。测距器、自拍装置、闪光灯被广泛采用。那些最好的相机总是被其他厂家大量仿制。黑白胶片的质量不断提高，实用的彩色胶片也被发明出来并广泛应用。

德国蔡司公司1929年制造的折叠式单反相机。机身采用皮腔折叠，镜头可更换。

德国禄莱公司在1932年发售的双反相机，它已经可以自动计算并显示拍摄的底片帧数。

1933年，德国Ihagee公司发售的最早的近代胶卷式单反相机。

1948年发售的这台杜夫勒克斯相机是世界上第一台拥有全方位视角、眼睛水平取景和全自动光圈的单反相机。

1935 年，美国人研制出三层乳剂彩色胶片——柯达克罗姆彩色反转片。彩色反转片一开始成负像，经反转冲洗后，胶片变成了与原来景物色彩一致、带有正像的底片，可以直接用于放映与制版。这种胶片最初是用在电影拍摄上。

第二次世界大战之后，相机及镜头的种类越来越分化，针对专业摄影师的相机愈加精密，针对普通民众的相机愈加方便。厂商开始使用塑料来制作相机外壳，相机的外观越来越接近我们现在熟悉的样子。

不过，现在的我们已经很少使用胶片相机，而使用最广的是数码相机。世界上第一台数码相机是由柯达公司的工程师史蒂文·赛尚于 1975 年发明的。这台相机重达 3.6 公斤，记录一张黑白照片需要 23 秒，拍下的照片则被储存在卡式录音带中。想要观看照片，还需要转换成视频信号，用电视来看，一点儿也不实用，所以它并没有得到推广。

图为史蒂文·赛尚手持自己发明的世界上第一台数码相机。

## 🗨 数码相机成像的关键

赛尚的相机用到了一项十分重要的零件——感光耦合元件，简称为 CCD。它是物理学家韦拉德·博伊尔和乔治·史密斯于 1969 年偶然发明出来的。它的工作原理是：当光线接触光敏电容，会依强度按比例产生电压信号，并且会被数码化，如果加入滤镜的话，则连色彩都可以变成数码信息。CCD 技术常用在数码相机、摄录机、影像扫描器等设备上，作为图像传感器。

1994 年，苹果公司推出了由柯达公司设计的彩色数码相机 Quicktake100——被认为是第一台消费者数码相机。当时，它有 1MB 闪存，有 40×480 和 320×240 两种分辨率供选择，可以拍摄 8 张高分辨率或者 16 张低分辨率的照片。

Quicktake100。

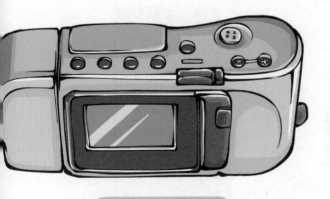

卡西欧-10相机。

到了 1995 年，卡西欧公司推出的卡西欧-10 成为第一部有 LCD 屏幕的数码相机，它可以实时回放所拍的照片，现代人的摄影习惯就是由此开始改变的。

数码单反相机是怎么工作的呢？我们可以通过下面的图解来简单了解一下。

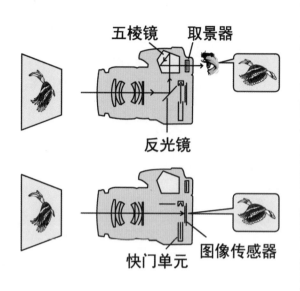

五棱镜　取景器

反光镜

图像传感器

快门单元

在按下快门之前，通过镜头的光线由反光镜反射至取景器内部，人们可以通过取景器观察并进行照片的构图。按下快门的同时，反光镜会弹起，为通过镜头的光线"让路"，让它到达图像传感器。数码相机快门的功能不仅可调节光量，还可通过打开时间的长短来控制被摄体的运动感觉。

现在，数码相机拍摄的照片清晰无比，存储器的容量也变得很大。在生活、娱乐、工业、运输、科研、医学、太空科技等各个领域，都能看到数码相机、手机、影像记录装置的身影，这些电子设备成为现代人生活中必不可少的工具。

# 六、毛细现象与书写

人类使用笔这种工具的历史十分久远。新石器时代，世界各地的人就已经会用"笔"在石壁上绘画了。他们使用鸟羽、兽毛等蘸取天然矿物颜料进行涂抹，也使用烧成炭的木棍涂抹。这些鸟羽、兽毛、木炭，都可以看作不那么正式的笔。

仰韶文化半坡类型鱼纹彩陶盆，中国半坡遗址出土。

当古人学会制作陶器之后，他们渐渐不满足于陶器的实用价值，于是也用鸟羽、兽毛在陶坯上面绘画，然后烧制成美丽的器皿。迄今为止最古老的彩陶器出现在中国甘肃省一个叫大地湾的地方，距今已有7000多年。而在距今5000多年的仰韶文化陶器上，兽毛笔描画的痕迹更为明显。

　　法国西南部地区的拉斯考克斯洞穴岩画，绘于公元前30000～20000年。

这些史前的图画并不是只有装饰的意义，某些部分也承载着记录的功能。

要记录的事情变得越来越多，古人们便将石壁、陶器上的绘画形象一步步简化提炼，就慢慢形成了文字。用文字来做记录，比画画的效率可高多了。

文字的诞生和发展也慢慢改变着绘画和书写的工具。

最初的文字诞生在5000多年前的美索不达米亚平原。当时生活在美索不达米亚平原的苏美尔人使用削切过的芦苇秆或木棍，在湿软的泥板上压写出一种笔画带着棱角的文字，然后将泥板晒干或用火烧硬。我们将这种文字称为楔形文字。

中国马家窑文化（仰韶文化晚期），舞蹈人纹彩陶盆。

刻有象形符号的苏美尔泥板，是当时神庙的记账告示，上面的牛头、谷穗和鱼代表着个人或者村落交给神庙牛头、谷穗和鱼的数量。

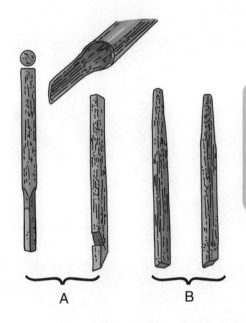

楔形字用笔复原图，A 是公元前 3000 年以前的芦管笔，看起来像刀锋一样锋利；B 是公元前 3000 年以后使用的笔的形状，相对平滑许多。

A

B

稍晚，生活在尼罗河畔的古埃及人用生长在河岸边的纸莎草造出了纸莎草纸。在这种材料上写写画画，可没法使用刻泥板的那种刀一般的笔。于是，古埃及人将芦苇秆的一端压散成刷子状，或者将芦苇秆的一头削成三角锥形，从颜料板中蘸取用水化开的颜料进行书写，这样的笔尖不会戳破脆弱的纸莎草纸，书写速度很快。

埃及卢克索，门纳墓壁画（局部）。在这个描绘小麦收成的测量、记录的场景中，总共出现了 8 位正在工作的抄写员。他们右手执芦苇笔，左手则拿着颜料板，记录其他 3 位测量员的测量结果。

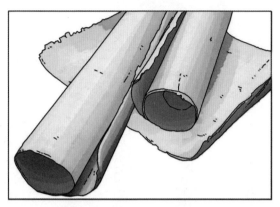

纸莎草和纸莎草纸。将纸莎草切成薄片，分两层交叠压平成一大张，磨光后，就可以用来书写绘画了。纸莎草纸虽然名字里带着一个"纸"字，但并不是真正意义上的纸。

用芦苇笔蘸过颜料后，会有少量颜料被储存在芦苇笔杆中，能让书写者一次写完一整行文字。芦苇笔能够具有这种功能，其原因在于芦苇杆的细管结构。液体遇上这样的结构，会出现毛细现象，"无视"了重力，反而朝高处流，自动进入芦苇杆中。

那么，为什么会出现毛细现象呢？

## 毛细现象

水这样的液体具有一些奇妙的倾向，它们总是要把自己向内收缩起来，而且对固体表面都具有粘附力。当液体在细管状物体内侧时，液体往管壁上黏附的力大于往内收缩的力，就会顺着管壁往上"走"。这种现象叫作毛细上升现象。因此，植物根部吸收的水分能够通过毛细现象经由茎内维管束上升到树梢。

类似的原理还可以形成毛细浸润现象、毛细黏附现象，这就是为什么海绵、纸巾等可以吸水，而空气中的两块湿玻璃片贴在一起就很难分开的原因。

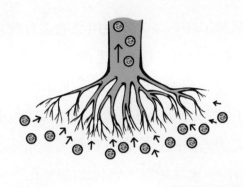

公元前8世纪，古埃及的芦苇笔和纸莎草纸后来传播到古希腊，并进一步传向欧洲其他地区及西亚。欧洲人因地制宜，使用当地的类似植物来制作芦苇笔，但他们无法自己制造纸莎草纸，只能不断地花高价进口，这种情况持续了近千年。

于死海地区洞穴中被发现的古代希伯来语文献——死海古卷，写成于公元前2到1世纪期间，其中有一部分书写在纸莎草纸上。

中国的古人，延续了新石器时代使用兽毛进行绘画的传统，逐渐发展出了具有中国特色的书写工具——毛笔。

在殷商时期（约公元前 1600 年—公元前 1046 年）的甲骨片上，除了有火烧出的占卜痕迹，以及刀刻的文字之外，也能见到使用毛笔书写的文字。而当时的人们的日常记录则是写在竹木片上。甲骨文中的"册"字，就是竹简、木简用绳子串起来的样子。

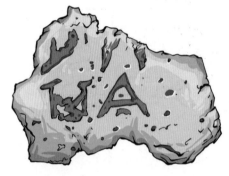

留有墨书痕迹的商代甲骨。

"册"字的甲骨文。

不过，毛笔容易损坏，难以长久保存。现存最早的毛笔，出土于湖南长沙左家公山楚国墓葬，属于 2000 多年前的战国时期，笔头使用了兔毛制成。同时期的湖北荆门包山楚国墓葬，也出土了一支毛笔，这支毛笔使用了空心的笔杆，笔头插入笔杆，用漆固定。后世的毛笔，都沿用了将笔头固定在空心笔杆中的设计。

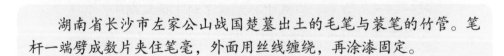

湖南省长沙市左家公山战国楚墓出土的毛笔与装笔的竹管。笔杆一端劈成数片夹住笔毫，外面用丝线缠绕，再涂漆固定。

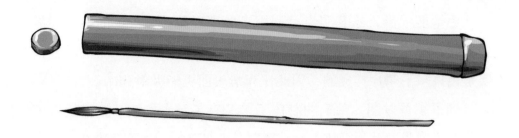

湖北省荆门市包山战国楚墓出土的毛笔和装笔的竹管。在笔杆的一端挖出空腔，将笔毫束成有笔尖的笔头，用漆固定在空腔中。

战国末期，秦国大将蒙恬制笔时，选用较坚硬的鹿毛做中心，以较软的羊毛覆在外围，既可使笔头保持坚挺浑圆，又利于吸墨。这是毛笔制造工艺的一次创新。

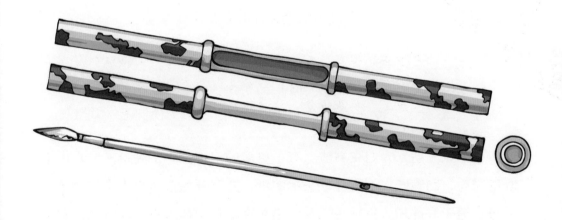

湖北省云梦县城关西睡虎地十一号秦墓出土的秦毛笔和笔套。笔套一头挖空，装入笔头，结构和现今的毛笔基本没有区别。

## 💬 毛笔为什么能吸墨

毛笔能吸墨，这其实也是利用了毛细现象。笔头上的毛之间的空隙非常小，这就相当于形成了许多的毛细管，再加上动物毛的表面其实是由许多毛鳞片构成的，因此比光滑表面更能吸附液体。

到了东晋时期，毛笔的制作工艺又有了较大的改革。秦汉毛笔的笔头在吸饱墨之后，笔肚胀大，笔尖会失去弹性。为了解决这个问题，制笔匠人用纸缠在笔头的中下部，这样就能使笔力一直传递到笔尖。这种毛笔笔头的蓄墨量也更大，适合连续书写。

以羊毛为例，在显微镜下，表面的鳞片结构清晰可见。

唐朝人热衷于抄写经书，笔锋遒劲有力且适合书写小字的缠纸笔非常符合他们的需求。日本遣唐使又将这项工艺传到日本。目前仅存的十几支唐代缠纸笔都保存在日本正仓院。

日本正仓院藏，天平宝物笔局部。正仓院所藏缠纸笔都具有五层构造，在中心的"命毛"上卷裹麻纸，然后再于外层加毛，如此重复，包缠数层，最后纳入笔管。

到宋元时期，人们在书法上有了更多的追求。为了满足人们自由书写的需要，制笔匠人不再往笔头上缠纸，并且开始选用更为柔软的毛，通过在笔头底部加入细短毛以及将笔头在笔杆中插入更深的方式，解决了笔头蓄墨和保持弹性两大问题。那时的毛笔与现在人们所用的毛笔已经大同小异。优质的毛笔，笔头坚固硬挺，富有弹性，笔法可随意变化，受到文人们的追捧，价格自然不菲。

中国人一直保持着自己的书法和绘画传统，中国毛笔也从数千年前一直兴盛至今。

宋代毛笔，狼毫笔头，笔杆为竹竿，笔套为芦秆。常州博物馆藏。

前文提到，欧洲人在好几个世纪中都非常依赖从埃及进口的纸莎草纸。然而，欧洲的气候并不适合纸莎草纸的保存。公元2世纪开始，欧洲人逐渐用经过加工的动物皮取代纸莎草纸，这种书写材料就是羊皮纸。羊皮纸表面比纸莎草纸光滑，可以搭配更精细的书写工具，因此，能做出更细笔尖的羽毛笔便顺理成章地取代了芦苇笔，成为主流，羽毛笔的具体起源时间已经难以考证。羽毛笔的原料大多数来自鸟类的飞羽，其中使用最多的是鹅毛。将羽毛裸露的羽管末端削尖制成笔头，由于羽管中空，靠着毛细现象，羽毛笔蘸一次墨水，可写下100多个字母。

1.把羽毛管末端斜切，并从笔尖中间实线部分割出一条细缝。

2.把上部部分斜切，在笔头1/2处，往下均匀削去两边，并保证它的均匀性。

3把尖端削平。

4.蘸墨水写字了。

羽毛笔的制作过程。

羽毛笔的笔尖写出的线条细腻且富有变化，但它十分容易磨损变秃，因此，有经验的书写者都会随身准备小刀，不断修整笔尖。但是，也有许多人并不能掌握修整笔尖的技巧。1809 年，一位英国人发明了一种羽毛笔削切机，可以用它来批量制造羽毛笔尖。它的使用方法是：将羽管切成数段，每段都分别削切成笔尖，再将笔尖固定在专用笔杆上使用。羽毛笔尖的产量增大后，其价格变得极其低廉。

一直到 19 世纪中期，羽毛笔都是欧洲最主要的书写工具，在这期间，几乎所有的文字著作都是用羽毛笔写就。不过，人们并没有放弃寻找比羽毛笔更加耐用的笔。

如果能够用金属制作笔尖，那就不用去小心翼翼地为羽毛笔削尖了，使用时也不用小心翼翼地保护笔尖了。而实际上，人们使用金属笔的历史可能并不比使用羽毛笔的历史短暂。早在古罗马时期，古罗马人就常使用金属针笔在涂蜡的木板上写字了，针笔另一端做成扁平状，用于刮掉蜡层上的错字。

意大利庞贝古城遗址壁画。画中的女子是一名诗人，她右手执金属针笔，左手拿装订成册的蜡板，神情若有所思。这幅壁画现藏于意大利那不勒斯国家考古博物馆。

意大利南部有一座被火山爆发摧毁掩埋的古罗马城市——庞贝古城，它始建于公元前 4 世纪，毁于公元 79 年。在被火山灰掩埋的庞贝古城遗址中，曾出土墨水瓶和青铜制的墨水笔尖。

出土于庞贝古城遗址的青铜墨水笔尖。

出土于庞贝古城遗址的墨水瓶和墨水笔。

虽然诞生时间早，金属笔尖却一直都没有成为大众普及的书写工具。这是因为，不管用青铜、黄铜还是钢铁和银，以当时的技术生产出的金属笔尖，和羽毛笔一比较，总是显得太硬、太沉，而且书写时出水不流畅，价格也太贵。

19世纪昂贵精美的蘸水笔笔杆以及相搭配的笔尖。

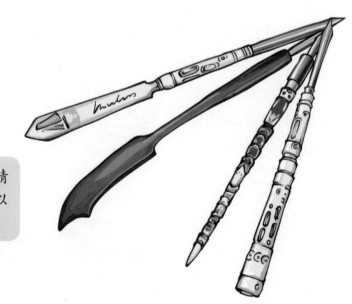

1780 年，在当时工业最为发达的英国，一位戒指技师塞缪尔·哈里森以手工业技术出品用钢片制作了书写笔尖，他因此成为了被写入历史的第一位钢笔尖制造商。之后，又一位英国人约翰·米切尔开始用机器批量生产钢笔尖，羽毛笔的统治地位终于被撼动了。

带导墨槽的钢笔尖是在 1830 年由英国人佩里发明的，笔尖上的小孔和凹槽起到了暂时蓄墨的作用，这依旧是毛细现象在起作用。

接下来，英国人约瑟·吉洛特将金属笔尖的书写感觉提高到了与羽毛笔相媲美的水平。金属材质使得笔尖制造者们能够设计出五花八门的样式，金属笔尖从此彻底占领了市场。

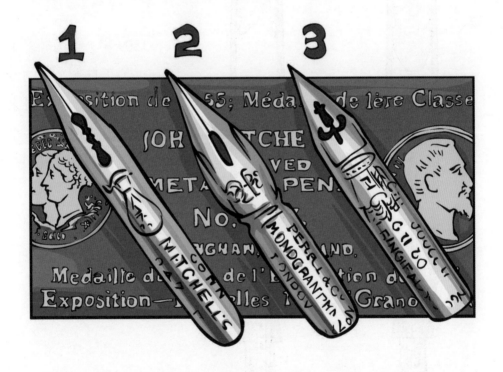

约翰·米切尔、佩里、吉洛特至今仍是金属笔尖的著名品牌。
图示：①约翰·米切尔笔尖 ②佩里笔尖 ③吉洛特笔尖。

好用的金属笔尖已经有了，蓄墨的问题又是何时解决的呢?

很早之前，人们就不断尝试让墨贮存在笔杆中，做成自来水笔。17 世纪，德国曾有人设计出一种由双层羽管嵌套组成的羽毛笔。这种笔用内部带小孔的羽管用来装墨水，外层的羽管削出笔尖用以书写。写字时，通过挤压羽管，可以实现连续供墨。但这种笔并没有流传开来。

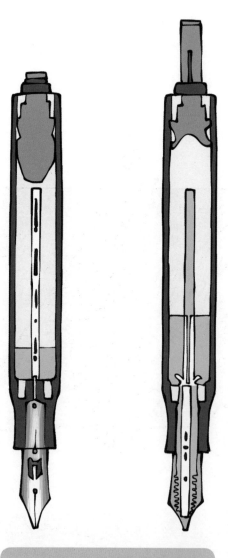

1809 年，英国颁发了第一批关于自来水笔的专利证书。经过改进的自来水笔为蓄墨囊增加了一个柱塞。使用时，推动柱塞，墨水就会缓慢流下来。不过，写字的时候，这种笔需要时不时推动柱塞，使用起来也不是特别方便。

配柱塞的储水钢笔结构原理。

1884 年，美国人刘易斯·沃特曼利
用毛细管的物理规律，在笔的内部设计了多
个小通道，使自来水笔尖出墨更有规律、更顺畅。
不过，沃特曼设计的笔，需要从笔尖用滴管注入墨水，
这种补充墨水的方式仍有不便。

1884 年沃特曼的自来水笔专利证书上的结构图。连接在
笔尖背面的结构叫作笔舌，笔舌在钢笔内部形成一条墨水通
道，利用毛细现象把墨水从钢笔内部输送到笔尖。

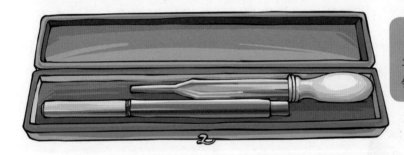

1902 年
生产的沃特曼
钢笔套装。

沃特曼之后的自来水笔设计者不断改进笔的材质和内部结构。他
们发明了许多新颖的上墨方式，比如，活塞上墨、挤压上墨等。第一
支活塞上墨的自来水笔由"百利金"制造于 1931 年；第一支挤压上墨
自来水笔则是由"派克"推出的。我们现在最常用的是旋转式活塞上墨。

我们可以通过图中这支透明的"百利金100"自来水笔了解旋转
式活塞上墨系统的结构。早期的活塞用软木制造，容易损坏，现在
则是用橡胶或塑料来制作，非常耐用。

按压上墨方式的墨囊外部有金属套，通过按压金属套上的可活动金属片，即可吸入墨水。图为采用按压上墨的"派克51"自来水笔。

为了方便使用，现在的活塞上墨器基本都是可拆卸的，为了方便携带，还有已经装好墨水的一次性墨囊，墨水用光后，更换新的墨囊即可。与最古老的沃特曼自来水笔相比，除了储墨方式不同，笔舌上多了一些平衡排列的"鳍片"结构外，并没有本质上的区别它同样利用了毛细现象。具有控制墨水流量的作用，通常隐藏在笔握内部。

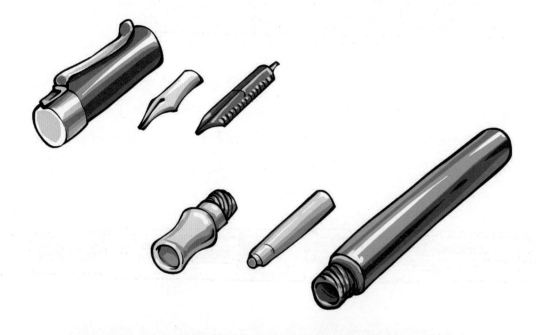

当代自来水笔最常见的结构：笔帽、笔尖、笔舌（带有鳍片）、笔握、上墨器／墨囊、笔杆。

在自来水笔之后，利用了毛细现象的书写工具仍然不断诞生。例如，玻璃笔、记号笔、油漆笔、针笔、彩色水笔……它们的存在让书写充满了各式乐趣。

双头记号笔

记号笔

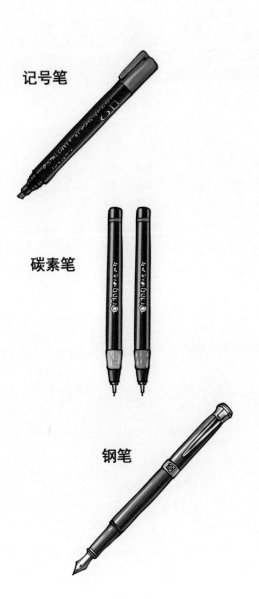

碳素笔

原子笔

钢笔